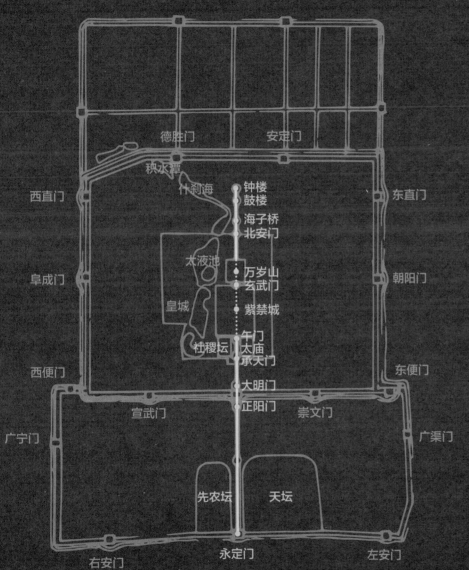

德胜门　安定门

积水潭
西直门
　什刹海　钟楼
　　　　　鼓楼　　　　　东直门
　　　　　海子桥
　　　　　北安门
太液池
　　　　　万岁山
阜成门　　玄武门　　　　朝阳门
皇城　　　紫禁城
　　社稷坛　午门
　　　　　太庙
　　　　　承天门
西便门　　　　　　　　　东便门
　　　　　大明门
　　　　　正阳门
宣武门　　　　　崇文门
广宁门　　　　　　　　　广渠门

先农坛　　天坛

右安门　　永定门　　左安门

U0257228

形 成

明代嘉靖建设外城后的北京城与北京中轴线格局示意图

- 沿用元代中轴线，南北城墙较元代南移
- 嘉靖改制后在城郊分祀日、月、地坛
- 1553 年增建外城，中轴线向南延伸

北京城的脊梁

中轴线的故事

清源青愿 著 于春华 绘

北京出版集团
北京少年儿童出版社

图书在版编目（CIP）数据

北京城的脊梁 ： 中轴线的故事 / 清源青愿著 ；于
春华绘 . — 北京 ： 北京少年儿童出版社，2024.7（2025.3 重印）
ISBN 978-7-5301-6751-9

Ⅰ . ①北… Ⅱ . ①清… ②于… Ⅲ . ①城市规划—北
京—儿童读物 Ⅳ . ①TU984.21-49

中国国家版本馆CIP数据核字（2024）第095130号

北京城的脊梁

中轴线的故事
BEIJINGCHENG DE JILIANG

清源青愿 著

于春华 绘

出 版 北京出版集团
　　　　北京少年儿童出版社
地 址 北京北三环中路6号
邮 编 100120
网 址 www.bph.com.cn
发 行 北京少年儿童出版社

经 销 新华书店
印 刷 雅迪云印（天津）科技有限公司
版 次 2024 年 7 月第 1 版
印 次 2025 年 3 月第 3 次印刷
开 本 787 毫米×1092 毫米 1/12
印 张 5
字 数 50 千字
书 号 ISBN 978-7-5301-6751-9
定 价 68.00 元

如有印装质量问题，由本社负责调换
质量监督电话：010 - 58572171

专家顾问：北京中轴线申遗文本编制团队

吕舟、孙燕、郑楚晗、邵龙飞、邓阳雪

....

策划：李建芸

文字作者：胡玥、蔡晓萌、李建芸

插图绘制（科普部分）：边如晨、李紫葳、郭语涵

北京，是一座拥有 3000 多年建城史的城市；

北京中轴线，是一条绵延近 8000 米的城市轴线。

北京城就是沿着中轴线铺展开来的。

在北京城里，在中轴线上，

有城市建设者的匠心与智慧，

有帝王将相的功与过，

更有百姓们的人生冷暖。

是他们，造就了中轴线，成就了北京城。

本书的故事还要从 700 多年前，

元朝都城选址说起……

新都选址

13世纪，忽必烈大汗为了统一全国，决定将国都从草原南迁，以便管理这个幅员辽阔的国度。他给这个国家定国号为"元"。

忽必烈大汗看上了一座金朝的旧都。它的位置北望草原、南顾中原，城郊水源丰沛，周围又有宽阔平地，真是建新城的理想之地！精通礼制的儒学大家刘秉忠被任命为"城市总设计师"。他根据蒙古人逐水草而居的习性，在一大片水域的东岸确定了都城的中心点，叫作"中心台"。然后以中心台确立了元大都的中轴线和四面城墙的距离。在他和营建者们的努力下，整座城市沿着一条纵贯南北的中轴线铺展开来。

一个功能完备的都城——元大都建起来了！

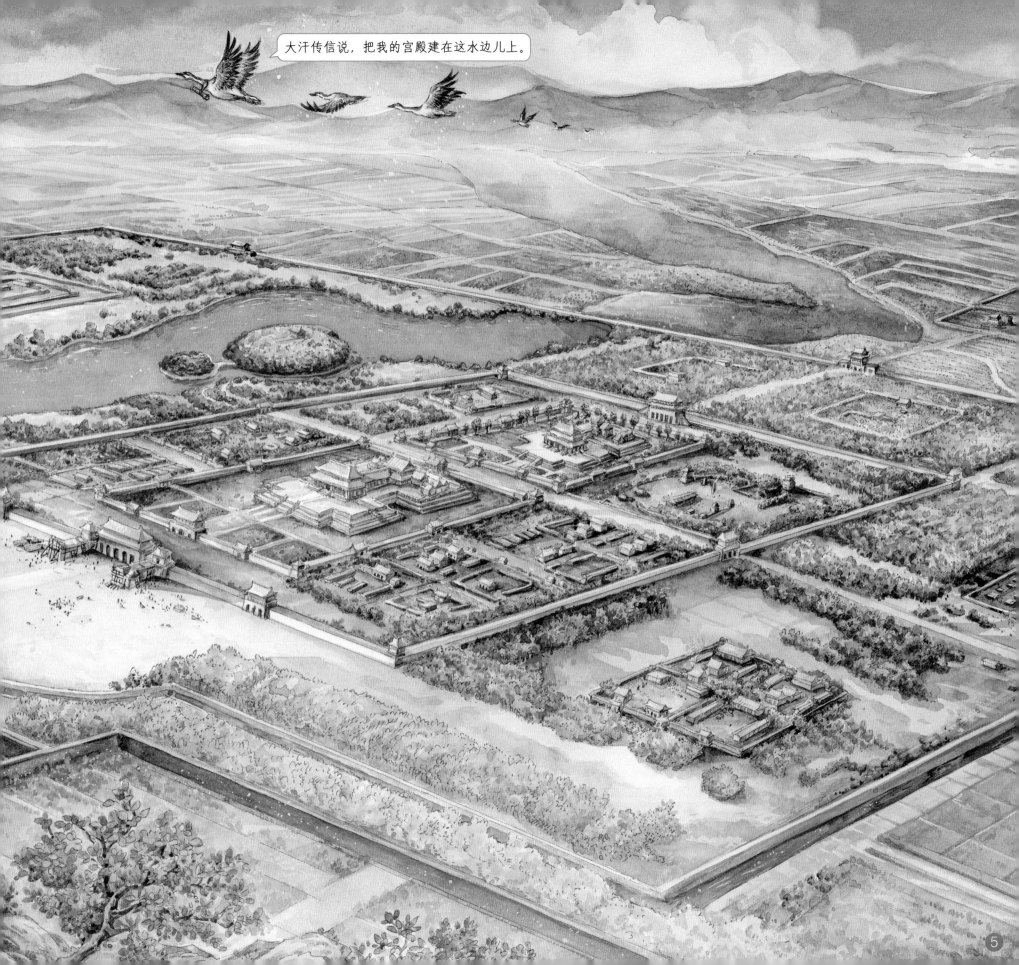

城市的动脉

　　元大都中心台紧邻的这一大片水域，叫作积水潭（包括今积水潭至什刹海一带的湖泊）。当时的积水潭水面宽阔，汪洋如海，因此也被大家称为"海子"。

　　在积水潭与元代大运河相连的入口上，跨着一座高高的万宁桥。桥下便是元大都漕运的总码头。每日里漕船成群结队驶来，全国各地的货物都经此汇聚到大都城中，海子周边和万宁桥这一带也成了都城中最为繁华的市场。

皇权的中心

　　明朝时，明成祖朱棣决定将都城迁到这里。他命人在元朝已有的中轴线上，重修宫殿、筑起城墙，还将大都改名为北京。

皇帝住的宫城依着天上尊贵的紫微星取名叫紫禁城。紫禁城中重要的建筑或沿中轴线展开，或在它左右对称：奉天、华盖和谨身三座标志性的大殿矗立在中轴线上，"一文一武"的文华殿和武英殿分布在中轴线东、西，还有许多建筑和庭院排列在它们的前后左右。国家的重要庆典，如皇帝登基、大婚、命将出征等仪式在奉天殿举行，关乎国家命运的中枢号令都是从这国都之中的紫禁城发出。

中轴上的园林

紫禁城北面有座山，明朝时称为万岁山，清朝后改名为景山。

这片园林在明、清两朝都是皇家的后花园，皇帝在处理政务之余，常来这里散步。

明朝时，万岁山上树木葱郁，遍植花草，山脚下还养着各种珍禽异兽，啾啾呦呦的叫声从很远就能听到。到了清朝，将寿皇殿迁建到了山北侧的中轴位置，山脊上也依着地势建了5座亭子供奉佛像，氛围一下子变得肃穆了许多。

景山是北京中轴线上的制高点，从这里可以俯瞰整座紫禁城，远望还能隐隐看到都城四周的城墙。

都城的屏障

城墙是古代战时保卫城市的屏障。

明初，北京的城墙巍峨环绕，中轴线上和沿中轴线东西对称的9座城门，保卫着城内的人们。但城外的百姓，尤其是城南聚集的众多商铺就没那么幸运了——北方的蒙古骑兵不时来袭扰，连城南的皇家坛庙都难逃侵犯。

为了保卫坛庙和城外百姓，嘉靖皇帝下令在已有城墙的外围再加筑一圈城墙。但是，修筑城墙的工程浩大，才修完南边的13里就已财力不足，只建好了南边的外城墙。

自此，北京城就形成了"凸"字形平面结构，中轴线的南端也从正阳门延长到了外城的南大门——永定门。永定，寓意永远安定，这是中国人对家国天下最美好的期盼。

社稷坛拜殿

左祖右社

　　作为国家都城的北京，一直承担着为天下祈福的职责。因此，在中轴线两侧分布着不少坛庙作为祈福的场所。

　　在紫禁城的南侧，中轴线的东西两边建有太庙和社稷（jì）坛，皇帝用来祭祀祖先和社稷。天子坐朝中，太庙位于他左侧，社稷坛在右侧，这样的布局叫作"左祖右社"。

太庙享殿

太庙是皇帝祭祀祖先的家庙。整座太庙布局严谨，建筑气势宏伟、庄严壮观，是仅次于紫禁城中三大殿的建筑群。

社稷，也被用作国家的代称。"社"是土地，"稷"是五谷，二者是国家命脉。每年的春天和秋天，皇家都要在社稷坛举行祭祀之礼。正方形的社稷坛上铺着从全国各地收集来的五色泥土，象征着领土完整、国家统一。

祭天之所

古代中国以农业为本，靠天吃饭。人们把风调雨顺这样的期盼寄托在自然天象上，经常祭拜天、地、日、月、雷、雨等各路神灵。都城中这些坛庙对称分布在中轴线两侧，天坛就是其中最大的一座，是皇帝祭天、祈雨和向上天祈求五谷丰登的地方。

天子有困难，就想祈求上天帮忙。清朝的康熙皇帝有一年遇到个难题——大旱，年轻的皇帝只好带着官员去天坛祈雨。为表诚心，皇帝一改往日祭祀乘车的传统。一大队人浩浩荡荡从紫禁城出发，沿着中轴线一路向南，步行到了天坛。真是赤诚之心！

除了在圜丘祭天，清朝的皇帝还在祈年殿举行祈谷大典，向上天祈求五谷丰登。

亲耕之地

　　为劝天下务农，皇帝会做榜样亲自耕种。他还有一块自留地——籍（jí）田。

　　每年正月开耕时节，皇帝会在籍田耕种并祭祀先农神。皇帝不光自己干，还要在观耕台上敦促王公大臣们耕地。举行祀农典礼的场所，便是先农坛，它与天坛一西一东，隔中轴线相望。

　　春种秋收，万物有时，我们都得按时序做事。

19

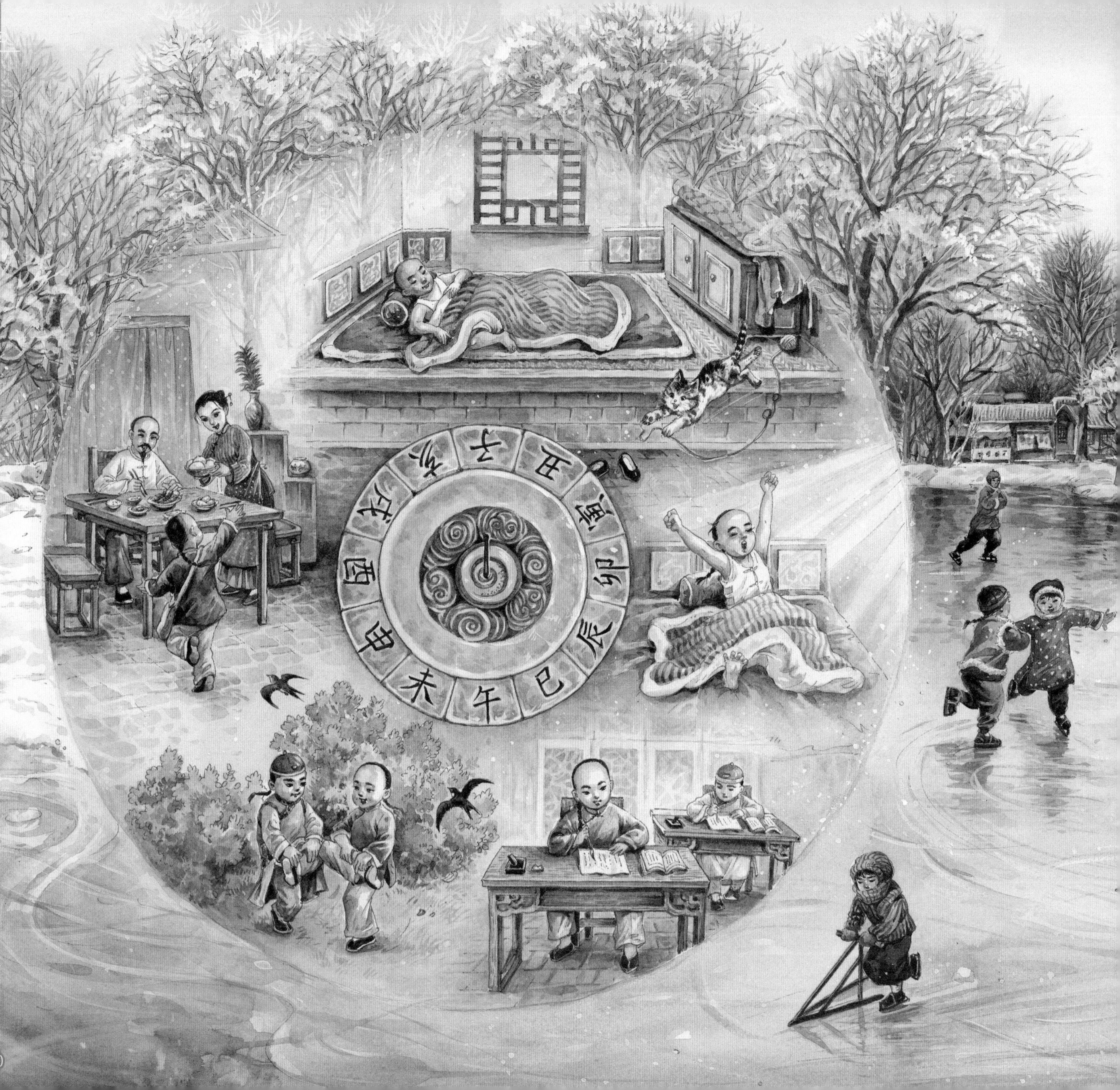
子
丑
寅
卯
辰
巳
午
未
申
酉
戌
亥

城市的节奏

四季轮回，时间流转。每日，鼓楼击鼓定更，钟楼撞钟报时，掌管全城作息。矗立于北京中轴线北端的钟鼓楼一直是北京城中最高的两座建筑。

早在元大都规划设计时，作为报时工具的钟鼓楼就被建在了都城正中，并且建得极高，这样钟声和鼓声可以均匀而响亮地传播四方。

铛——铛——铛——

咚——咚——咚——

晨光熹微，钟鼓声响起，寂静的北京城逐渐"苏醒"。让我们去热闹的正阳门瞧瞧吧！

人来货往，商贾云集

　　正阳门是内城的正南门，它不光有高大的城门楼，还有箭楼和围合的瓮城。因为在皇宫的正前方，人们又叫它"前门"。

　　从明朝开始，前门地区就聚集了不少的人气，经大运河运来的货物大部分转运到这里集散，商业街、会馆、戏园也纷纷出现。这里从此成为中轴线南段最重要的商业区。到了清末和民国初年，前门外更是一口气建了两座火车站，人来货往，商贾云集，是北京城首屈一指的繁华地界。

　　不过，外城可不止这一处好玩，再往南走还有更热闹的地方。

平民乐园

往南走过天子祭天途经的天桥，就能见到耍把式的啦！

清末民国初年，随着前门一带的发展，南边的天桥市场也兴隆起来。茶馆、酒肆多了，练把式、说书、唱戏、唱大鼓的全来了。这时的天桥，集吃喝玩乐于一地，好不热闹。

实际上，民国时北平①战乱和天灾不断，老百姓日子过得并不安生。天桥，是民间艺人们施展才艺的地方，也是他们出卖血汗赖以生存的地方。

①北平：1928 年 6 月，北京改名为北平。

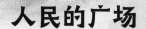

人民的广场

1949 年 10 月 1 日，中华人民共和国在天安门广场举行了开国大典，新中国成立了！

天安门广场那时刚开始改建，开国大典前才建好国旗旗杆和基座，还为人民英雄纪念碑举行了奠基典礼。此后，天安门广场又经过多次整修和扩建，才变成我们今天所看到的样子。

北京中轴线上原本封闭的皇城区域，变成了人民的广场，也迎接着来自世界各地的朋友。

延伸的轴线

　　快看！天上闪光的大脚印，正沿着中轴线走向奥林匹克中心呢！永定门、天安门、钟鼓楼、奥林匹克森林公园……这双"大脚"在北京中轴线上迈开步伐，行走在千年古都上空。

　　2008年，北京夏季奥运会聚集了所有人的目光。在中轴线的北向延长线上，一条龙形水系从奥林匹克森林公园蜿蜒流出，经过水立方和鸟巢，最后用尾巴卷起奥体中心。古老的中轴线也延伸进了自然山林之中。

飞向世界

中轴线的北延长线上风景如画，南边也是绿意融融。

这里有北京最大的一块湿地——南苑。历史上南苑就因为水丰草盛，又离皇城近，曾经是辽金元明清五朝的皇家猎场。如今从北京大兴国际机场起降的飞机上，仍能看到千百年来鸿雁飞过的湿地。

大兴机场位于北京中轴线南延长线的最南端。从空中俯瞰，候机楼像星星一般优雅地伸展在大地上，体现了"一城一线一世界"的博大情怀。中轴线上的北京蓬勃发展，与世界相连。

古城新生

　　700多年过去了，北京中轴线上，宫殿已成博物馆，坛庙开放为公园。

　　在曾经的城墙遗址上，海棠花开，花溪流动，大人孩子嬉笑玩闹。

　　北京中轴线焕发出新的活力。

大家好，我叫清源大侠，
是一个爱讲故事的文化遗产热爱者。
接下来，请跟随我再仔细地看一看
北京中轴线吧！

探索城市脊梁的
精彩之旅

现在你跟着这本书走完的，正是北京的中轴线。这条线，像北京城市的脊梁，穿起一座座了不起的建筑；它贯通南北，也带着北京城的记忆，一直延伸到我们今天的生活里。

北京的中轴线展现了中华文明所秉持的"中正和谐""择中而居"的哲学理念，展现了中国文化对秩序的追求。均衡对称分布于轴线之上与两侧的建筑群，形成纵贯北京老城、具有极强礼仪性的建筑序列，是我国传统文化合乎"礼"、所以"美"的展现，构成了独特的城市景观。

中轴线上有国家的礼制和仪式：从祭天、祭祖、祭社稷，到祭先农，中国传统文化中"敬天法祖"、尊崇自然的理念在坛庙中得到充分体现。

中轴线上有人的生活：从内城的达官贵人，皇城、宫城中的帝王，到外城天桥、前门的普通老百姓，他们的生活都在北京中轴线上发生。

"致中和，天地位焉，万物育焉。"
——《中庸》

"古之王者，择天下之中而立国，择国之中而立宫，择宫之中而立庙。"
——《吕氏春秋》

"中也者，天下之大本也。"
——《礼记·中庸》

"王者必居天下之中，礼也。"
——《荀子·大略》

"君子不重则不威。"
——《论语·学而》

古今交融的北京中轴线

北京这座城，有超过 3000 年的建城史。自古以来一直是中国北方的政治、经济和文化重镇。春秋战国时期的蓟国、燕国，汉代的幽州，辽代的南京，金朝的中都，都是北京曾用过的历史地名。特别是在元朝忽必烈时期，北京被正式定为元朝的都城，自此地位愈发显赫，成为整个中国的政治和文化中心。

13 世纪

元世祖忽必烈委派刘秉忠负责元大都的规划建设。刘秉忠在确定以积水潭水系为城市核心区域之后，首先堆筑高高的"中心台"，以它为城市中心点，确定了南向轴线，也根据它确定大都的四至范围，再进行城市主要功能区的划分。刘秉忠还依据《周礼·考工记》中记载的"面朝后市，左祖右社"的布局，构建了一个源于西周王都制度、符合儒家秩序观念的理想新都城。

15 世纪

明永乐皇帝决定将都城迁到北京后，对元大都的遗存进行了"北缩南扩"。元大都时期形成的中轴线变成贯穿全城的北京中轴线。明朝北京将对城市进行管理的钟楼和鼓楼置于中轴线北端，在中轴线上兴建皇宫，在皇城南部紧邻中轴两侧布置了太庙和社稷坛，还在中轴线的延长线两侧布置了天地坛和山川坛。

16 世纪

明嘉靖皇帝加筑北京外城，将正阳门外繁华的商业区、居住区和坛庙用外城城墙保卫和管理起来。中轴线上最南的永定门建成，使得这条中轴线形成了今天 7.8 千米的规模。

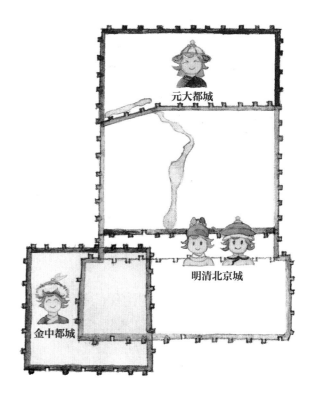

元大都城

明清北京城

金中都城

18 世纪

清乾隆皇帝在中轴线制高点景山的山脊上，增建了 5 座亭子，还在景山北侧沿中轴线移建寿皇殿。这加强了北京中轴线的层次，高低形态也更丰富了。

20 世纪

北京从帝王的都城转化为人民的城市。天安门广场成为新中国举行开国大典的地方。人民英雄纪念碑、国家博物馆和人民大会堂的建设，都尊重和延续了中轴线。

21 世纪

在 20 世纪首都建设过程中，城墙和城门被拆除。随着对文化遗产保护的重视，2005 年，永定门城楼重建完成，再次成为北京中轴线南端的地标。

沿中轴线展开的理想都城

从上古时代开始，我们的祖先探索天与人的关系，开始有了天地中和的理想，以中为尊秩序的构建。这反映在对宫殿的布局，又衍变到城市的轴线，乃至更广大的范围。

◆ 春秋时期（前8—前3世纪）

天子的国都为正方形，每边9里长的城墙上，各开3座城门；城里9条纵街，9条横街，每条街并排9辆马车那么宽。朝堂位于城市的前（南）部，市场位于后（北）部，宗庙在左（东），社稷坛在右（西）。这是《周礼》记载帝王最理想的城池的样子。

◆ 隋唐长安（6—10世纪）

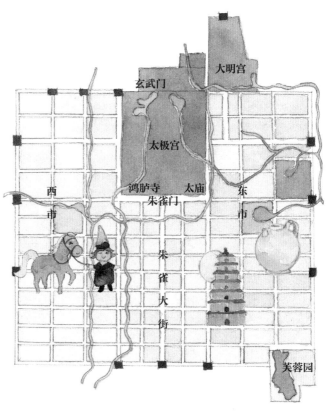

这座曾经承载百万人口的国际大都市气势恢弘，纵贯皇宫正殿的轴线延伸出来，与150米之宽的朱雀大街相接。沿着这条城市中心干道布置的城市里坊严整均衡。市场也在轴线东西两侧对称布置。长安既是中国都城发展史上的标志，又影响了日本平城京、平安京的规划。

◆ 曹魏邺城（3世纪）

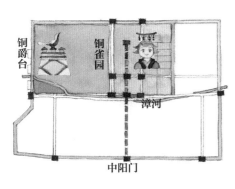

◆ 魏晋洛阳（3—6世纪）

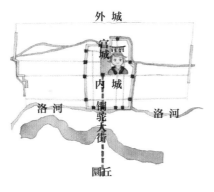

从曹魏邺城能看出我国城市中轴线布局的雏形。这里，宫城轴线和城市中轴线统一成一条贯穿南北的中央大道。魏晋洛阳城的中轴线则更加壮观，穿过宫城、内城、外城的三层环套，出了城南门，一直延伸，跨过了洛河，结束于伊河之滨祭天的圜丘。

外国的城市也有轴线吗？

在世界各地，许多城市都有独特的轴线设计。日本的平城京和平安京沿袭唐长安的布局；意大利罗马、法国巴黎在文艺复兴和巴洛克时期，通过城市的逐步改造，建成了联系宫殿、广场和公共设施的大景观轴线；美国华盛顿、澳大利亚堪培拉和巴西巴西利亚作为近代规划的首都，设计有体现政府权力和纪念意义的城市主轴线。

这些城市轴线与"中轴线"的同与不同，还需要你细细品味。

◆ **日本平城京**

平城京是奈良时期日本国都，始建于708年。这座城市学习了唐代长安城的格局，有严整的棋盘式城市道路，朱雀大街将全城分为左、右两京，分别设有东市和西市。现在平城京的中轴对称格局已然不在了。

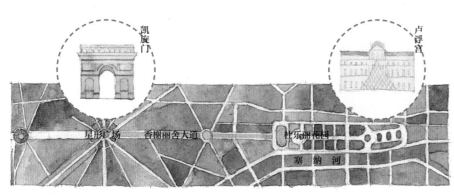

◆ **法国巴黎**

今天巴黎的香榭丽舍大道，从卢浮宫以西的杜乐丽花园中心道路一路向西，平行于塞纳河，直抵星形广场。道路、广场、绿地的水面、林荫绿带以及大型纪念性建筑沿这条大道统合成整体，形成今天巴黎城市的主轴线，并且随着德方斯新区的开发建设继续延展。

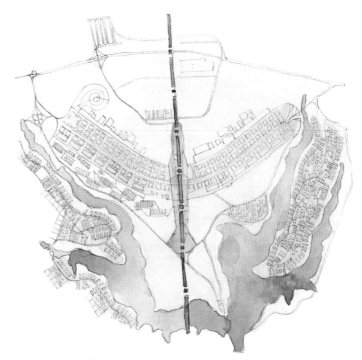

◆ **巴西巴西利亚**

1960年，巴西利亚正式成为巴西的首都。它的平面图形像一架飞机，寓意着朝气蓬勃的巴西正在高速起飞。一条长8千米、宽250米的东西向城市干道贯穿"机身"，政府各行政机构的办公大厦、文体设施、火车站以及工业区都沿这条轴线布置。

藏在画面中的趣味知识

在前面的故事中，你已经看到了北京中轴线的历史积淀——从元朝的万宁桥，明清的紫禁城，再到20世纪50年代天安门广场上的新建筑，都反映了北京中轴线700多年间连续不断的变迁过程。故事页中还藏着很多有趣的小知识，快来找找看吧！

◆ **大都的建设者们**

建新城要做的事儿可多了，大汗要住宫殿，出行要有道路，居民生活需要用水，南北各地的物资要方便运送……大都的建设者们行动了起来。忽必烈是位有大胸襟的大汗，他的这支建设队伍中有精通儒学和风水的汉人刘秉忠当总设计师，有来自阿拉伯的建筑学家也黑迭儿当总工程师，有水利工程师郭守敬专门负责给大都"灌水"，还有来自世界各地的能工巧匠，比如来自尼泊尔的阿尼哥，精通修建塔庙、铸造雕塑，就是他设计了元大都的"大白塔"——位于今天北京市西城区的妙应寺白塔。

◆ **古人找方向——辨方正位**

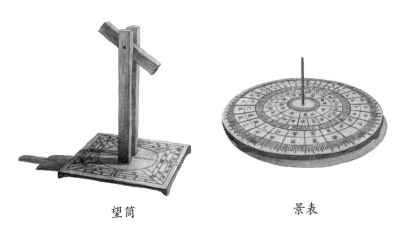

望筒　　　　　　　景表

古代没有电子定位系统，怎么判断方向呢？聪明的古人是这样做的——取正，也就是建造房屋时判定南北朝向的过程。首先利用景表确定正午时间，再以望筒记录此时太阳的方位角，从而初步确定南北向；到夜间再与北极星方位相核对，以此确定南北方向。

◆ **高高的桅杆怎么过桥洞？**

元朝时积水潭水源充沛，水面宽广，汇聚了全国各地满载货物的漕船、客船。大船立着高高的桅杆、扬着帆。这么大的船帆，怎么才能通过桥洞呢？别担心，桅杆上可是有机关的。眼看一艘帆船临近桥洞，只见水手们将船帆迅速降下，把桅杆放倒，动作麻利；船刚穿过桥洞，水手就把桅杆又立起来了，似乎这桅杆只是擦着桥洞而过，巨大的白帆也随之升起来，风鼓起它，徐徐远去。

◆ 码头边的大船上正在搬运什么？

是从瓷都景德镇运来的青花瓷器。元朝疆域辽阔，海外贸易发达，中外交流频繁。元大都是这个出口线路上的重要一环。元代通航的大运河连接了大都与杭州，贯通南北，江南的货物直抵元大都。青花瓷器、丝绸、药材和南来北往的货物一起，又从大都运到世界各地去，再换回香料、珠宝和各国杂货。

◆ 你能找到几只镇水兽？

镇水瑞兽名叫蚣蝮（gōng fù），是龙的九个儿子之一。它长着龙头、鹿角、鱼鳞、麒麟爪和蜥蜴尾，望向水中，表情凶猛、威严。万宁桥的桥两面中孔拱券上各有一只仅伸头的镇水兽。东侧两岸各有两只，北岸的那只岁数最大，颌下刻有"至元四年九月"的字样，说明它是一只元朝的镇水兽。西侧则有两组共4只镇水兽。南北岸边趴着2只，还有2只在哪儿呢？仔细往下看，水中的护岸石上还各有一只，中间是石头雕的龙珠。当水量减少、水位降低的时候，就能看到露出水面的镇水兽和龙珠。二龙戏珠的有趣场景，让镇守这里的凶猛石兽也显得可爱起来。

◆ 城里的动物

海子周围的货物运输，除了用船，也离不开动物的帮助。骆驼耐力超群、性情温和，是元大都城市建设的运输主力。驼队曾撑起了北京的运输线，直到解放后，铁路和汽车逐步发展，北京城内外的驼铃声才慢慢消失。元朝万宁桥西侧的象房里还养着大象。它们既承担皇家的仪仗职责，偶尔还负责搬运异常沉重的物品。每年六月的洗晒节，大象会在象房附近的水中洗浴，象群欢快戏水的场面常引得人们聚集观看。

◆ **天上的宫殿——紫微垣**

中国古代的天文学家们用自己丰富的想象力将天上的星星按不同位置和运行规律分成了三垣和二十八宿。紫微垣是三垣之一，传说是天帝居住的地方，因此古代皇宫多以紫微垣命名，如西汉的未央宫又叫紫宫或紫微宫，隋唐洛阳城中的宫城别名紫微城，当然还有明清北京的紫禁城。

◆ **建造宫殿的木头从哪里来？**

建造紫禁城需要的木材主要源于四川、云贵、湖广、浙江、山西等地的深山老林。巨木砍伐非常不容易，出山运输则更困难。聪明的古人将这些大木料砍伐后滚进山沟，编成木筏，等待雨季山洪暴发时，乘势将木筏冲入江河，顺流而行。木料从不同的砍伐地点出发，最后通过京杭大运河和永定河运到北京，整个过程得两三年。据记载，这些木料最大的长 20 米、直径 8 米，实属罕见。可惜明朝把巨大的树木都采伐尽了，等清朝修紫禁城的时候找不到这么大的木料，只能缩小建筑的体量，或是把几块木料拼在一起使用。

◆ **明清紫禁城找不同**

紫禁城作为沿用明清两代的宫殿，600 多年间建筑和庭院都有改变。今天的三大殿即太和殿、中和殿、保和殿，明永乐皇帝初建时叫奉天殿、华盖殿、谨身殿。

本书中画的是明朝时的奉天殿，为九开间。这座大殿几百年间因失火等意外修了毁、毁了修，外形、名字都发生了变化。现存太和殿建筑是清康熙时期失火后重建的，为十一开间。三大殿所在的庭院原来周围环绕着长廊，大殿东西两侧也是斜廊（画中可见）。因为火灾发生时这种连廊很容易引火，所以太和殿重建后，连廊也被改成了现在的防火墙。

◆ **园林中的牡丹**

北京的皇家园林有种植牡丹的传统。文字记录证实在元大都的皇宫后苑里就曾种过；明朝时在景山观花殿前能看到遍地的牡丹；到了清朝，景山更是成为皇帝观赏牡丹的地方。现在景山公园内有各类牡丹、芍药上万株，花龄超过百年的牡丹有 100 多株，每年四五月份牡丹盛开的时候记得来景山赏花呀！

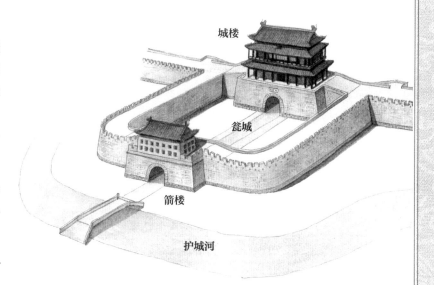

城楼

瓮城

箭楼

护城河

◆ 瓮中捉敌——城门的防卫功能

城门的军事防线有很多层。第一道防线是护城河，第二道防线是箭楼射出的密不透风的弓箭网，第三道防线是瓮城——敌人攻进了箭楼下的城门，却不知实际上进入了四面城墙围合而成的陷阱，守城士兵会从城上四方向下放箭，对付敌人如同瓮中捉鳖。最后一道防线才是城楼，只有攻破了这一道防线，才算最终攻城成功。

◆ 北京的外城和内城

嘉靖时期初建永定门，只建了单层的城楼和简单的瓮城。直到 200 年后的清乾隆年间，才加高城墙、重建瓮城、增建了箭楼，这才算完全建成。有了坚固的城墙，北京外城区域更加热闹起来，商业、文化聚集，促成了正阳门、宣武门、崇文门地区的繁荣。

◆ 社稷坛的五色土

社稷坛坛面上五色土的方位，符合我国古代金、木、水、火、土的"五行说"。坛的中央属土，铺黄色土；东方属木，铺青色土；西方属金，铺白色土；南方属火，铺赤色土；北方属水，铺黑色土。从全国各地收集来的五色泥土，象征了领土完整、国家统一。明清两朝皇帝在社稷坛共举行过 1300 余次祭祀大典，祈求风调雨顺、国泰民安。

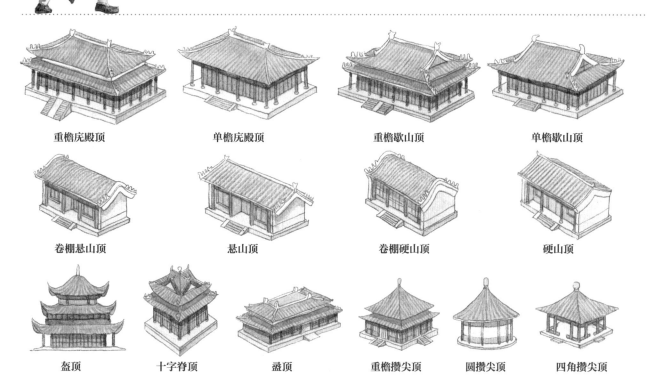

重檐庑殿顶　　单檐庑殿顶　　重檐歇山顶　　单檐歇山顶

卷棚悬山顶　　悬山顶　　卷棚硬山顶　　硬山顶

盝顶　　十字脊顶　　盔顶　　重檐攒尖顶　　圆攒尖顶　　四角攒尖顶

◆ 比太和殿还大的殿——太庙享殿

太和殿是紫禁城中最高最大的宫殿，可是太庙享殿比紫禁城中的太和殿还高 2 米多、长 3 米多。它内部的 68 根大柱均为金丝楠木，直径最大的达 1.2 米，连太和殿都没有这么多大楠木呢！

古代建筑大多通过屋顶样式、开间数、用色、装饰等来区分等级，太庙内的 4 座主要建筑都采用了中国古代建筑中最高等级的屋顶形式——重檐庑殿（wǔ diàn）顶。这些都显示出皇室对祖先无上的尊敬。

◆ **屋顶变色的祈年殿**

今天我们看到的天坛祈年殿，象征上天的蓝瓦金顶颜色其实是在清乾隆年间改的。明嘉靖皇帝在当时北京城南郊建了圆形三重檐的大享殿，三重檐琉璃瓦色分别为蓝、黄、绿三色，象征了天、地、人。清乾隆皇帝改大享殿为祈年殿，三色琉璃瓦也统一改成了如今我们所见的颜色。

◆ **看看谁在耕田时偷懒——观耕台**

观耕台是皇帝观看大臣行耕礼的观礼台。清乾隆皇帝在位时将原先木制的观耕台改建为装饰精美的砖石观耕台。台子南边有一亩三分地，是皇帝亲耕的田。皇帝不仅自己耕种来鼓励农业生产，还会在观耕台监督大臣们一起春耕，一定没有人敢偷懒吧！

◆ **耕地还穿龙袍？**

祭祀先农，皇帝亲耕是非常重要的礼仪活动，因此在穿着上绝不能马虎，皇帝要穿特制的吉服——龙袍。其实龙袍只是皇帝吉服中的一种。清朝皇帝平常会穿常服、便服，在祭天地等典礼祭祀活动时会穿吉服中的朝袍。朝袍有蓝色、明黄色、红色和月白色4种颜色，分别在祭祀天、地、日、月时穿用。画面中这件月白缂丝云龙纹单朝袍就是乾隆皇帝祭月时穿的。在前面的画面中可以看到，皇帝耕地时穿了龙袍，祭天时穿着蓝色朝袍。

◆ **"钟王"有多重？——钟楼大钟**

钟楼的正中立有八边形的钟架，上面挂着一个有两层楼那么高的钟。这个大钟铸造于明永乐十八年（1420年），通高7.02米，最大直径3.4米，重约63吨，十几头成年大象的重量也不过如此。它是中国现存体量最大、分量最重的古代铜钟，有"钟王"之称。在古代能铸造这么大的钟可不容易！过去北京城没有高大的建筑遮挡声音，大钟的钟声悠远绵长，圆润洪亮，可以传播数十千米远。

◆ **大栅栏怎么念？**

为防盗贼，明初时北京的很多街巷道口设立了木栅栏，白天打开，夜晚关闭。后来廊坊一条到四条街区成了商业中心，那里的栅栏制作得格外高大精美，被称为大栅栏（读作dà shi lànr）。民国初年，大栅栏曾有92个行业782家店铺，百余家钱庄、银号、金店以及工商会馆。今天大栅栏已经成为这一片商业街区的专有称呼。

◆ **天桥在哪儿？**

明朝永定门南边建有一座汉白玉单孔高拱桥，是明清皇帝前往天坛祭天的必经之地。这座桥也因天子走过而得名"天桥"。清朝以后随着城市发展，北京城南水系萎缩，天桥变成有桥无河的旱桥，最终在1934年被全部拆除。桥没了，天桥这个名字却留了下来。为了寻找城市的历史记忆，2013年，天坛南大街建了一座青白石拱景观桥。随后测绘专家们也找到了消失近90年的天桥准确地理位置——就在现有景观桥以北40米交通路口处。

◆ **火车开到前门东——前门火车站**

在前门（正阳门）的东侧有一组显眼的欧式建筑，尖塔拱顶的造型与附近的正阳门一对比，显得十分特别。它曾是深入北京城心脏地带的一座车站——京奉铁路正阳门东站，又称前门火车站。它是京奉铁路的起点，自1906年建成时就是中国最大的火车站，直到1959年停业，一直是北京最重要的交通枢纽。现在是中国铁道博物馆（正阳门馆）所在地。

◆ **铛铛车**

正阳门外的铛铛车是北京的第一条有轨电车线，于1924年12月17日正式通车，往返于正阳门和西直门之间，共有14站，全长7千米。因为这些电车的车头上挂了一只铜铃铛，当司机踩下踏板的时候，铃铛会发出"铛铛"的响声，提醒旁边的车辆和行人避让，所以人们就亲切地把这种电车叫作铛铛车了。

◆ 找不着北的斜街

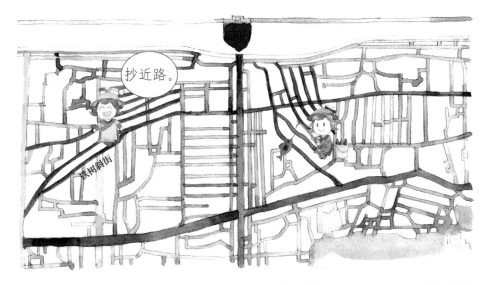

抄近路。

柳树斜街

北京内城典型的街道布局是一条南北方向的主街，东西两侧为紧密排列的胡同，就像鱼骨一样。但是细看前门地区的地图，会发现在前门外东西两侧有很多斜街。它们的形成大有来头：元大都建成后，位于西南方向的金中都中仍有人居住。人货往来，连接元大都和金中都的大栅栏地区自发形成了很多自西南至东北走向的斜街。而前门外东侧鲜鱼口周边斜街的形成则是因为沿袭了元朝的运河故道。明末虽然河水已经干涸，但是沿河的房子已经形成了规模，所以斜街就这样保留了下来。

◆ 谁设计了人民英雄纪念碑？

坐落在中轴线上的人民英雄纪念碑，自 1949 年 9 月奠基，直到 1958 年 5 月落成揭幕，经历了近 10 年的时间。建筑史学家梁思成主持了碑身的方案设计，雕塑家刘开渠负责下层须弥座 8 幅浮雕的创作，建筑学家林徽因负责上层须弥座的卷草花卉纹样设计。林先生当时已经重病在身，直到去世也没有见到纪念碑的最终落成。她墓碑的碑身上就镶嵌有其中一版卷草纹样的设计稿，作为永远的怀念。

◆ 奥森公园的龙形水系

国家速滑馆（冰丝带）

龙形水系

奥运塔

国家游泳中心（水立方）　国家体育场（鸟巢）

奥森公园位于北京中轴线延长线上，让中轴线融入了自然中。位于奥森公园中心区的龙形水系，是亚洲最大的城区人工水系。它环绕奥森公园的南园、北园，形成一条绿色的丝带。整个水系由混合生态功能区、生态氧化塘、植物氧化塘等组成。完整的水系工程以及良好的水质吸引了大量的游禽和涉禽。漫步园中，可以尽情享受自然的乐趣。

◆ 南苑有多大？

南苑，因水丰草盛、距皇城近，从辽代起就开始成为皇家猎苑。元朝称飞放泊，明朝称南海子，清朝称南苑。今天的南苑仅留有少数历史遗迹，常被提起的是它散落在丰台、大兴两区的诸多地名。大红门、西红门、小红门、角门，这些都是南苑开设的苑门；新宫、旧宫则是清朝皇帝来狩猎的行宫；大红门外的海户屯则是清朝海子边上特有的海户们居住的村庄。

今天的北京地图上，北至大红门，南至瀛海、团河村，西至西红门、黄村，东至旧宫、南海子公园，都曾属于南苑。对着地图看，可以感受到南苑这个曾经的皇家猎苑有多大。

◆ 土城的来历

元大都自 1267 年开始建造，历时 18 年，直到 1285 年才告完工。元大都城墙用土夯筑而成，健德门和安贞门是元大都北城墙的两座城门。1368 年，明军攻克元大都后，将北城墙向南收缩约 5 里（2500米），留下高达 10 余米的土城墙，俗称"土城"。现存元大都城垣遗迹是原来元大都城墙西段和北段的一部分，这也是地名西土城和北土城的由来。

◆ 以北京为名的鸟

你有没有注意到故事页画面中频繁出现的一种鸟？它叫北京雨燕，是世界上唯一以北京命名的鸟类。雨燕是候鸟，在遥远的非洲过冬，每年 4 月到 8 月飞回北京城中。

为什么雨燕会选择北京呢？这和北京中轴线的历史息息相关。由于雨燕爪的 4 趾都向前伸，无法在平地站立，一旦落地，不借助外力很难起飞，因此它们常栖息在古建筑檐下，方便从半空跃下飞翔。作为古老都城，北京有着其他小城市没有的高大建筑群——它们是最适合雨燕筑巢的地方。从正阳门、北海、天坛到颐和园，雨燕伴城而栖，人们早已习惯在老北京每一座楼台外，看到雨燕舒展双翅、飞翔追逐。

写在后面的话

　　北京中轴线从元代忽必烈下令规划北京开始，经过了明、清、民国和当代共700 多年的发展。本书并非严格按照北京中轴线地理空间的顺序叙事，而是以这 700多年间，北京中轴线和北京城的空间变化、城市布局、功能演进过程中的重要时间节点和地理节点结合展开。

　　在元代都城的始建阶段，由于建设者在选址时考虑到城市水源的问题，所以围绕着积水潭的大片水域形成了北京城市繁华的商业街区。元大都作为当时的国际大都市，大运河在其中扮演了重要的角色。

　　在明朝的形成阶段，紫禁城作为皇权中心成为北京中轴线上最为恢弘的建筑群。城墙和城门在城市的安全防卫中一直扮演着重要角色。明中期北京城外城城墙的增建，使中轴线得以形成延续至今的规模。

　　清军入关后，清廷完善了沿袭自明朝的国家礼仪制度。北京作为国都，中轴线左右两侧的诸多坛庙承担着庇佑天下为之祈福的重任。与肃穆的坛庙相辉映的是民间生活的丰富热闹，前门、天桥地区随着城市空间、交通改造的变化，成为中轴线上的商贸中心。

　　北京中轴线所体现出的都城规划思想在北京现当代城市规划和发展过程中同样得到了传承和弘扬。新中国成立之后，北京成为新中国的首都，中轴线上的天安门广场成为中国最重要的政治空间，人民英雄纪念碑、人民大会堂、中国革命历史博物馆和中国革命博物馆（现为中国国家博物馆）的选址也在中轴线周围，体现了共和国时期对于北京中轴线的重视。在当代，北京中轴线继续向南北延伸，无论是城市绿地还是承担大型会议、赛事，迎接八方来客的城市功能都在这条轴线上发展完善。

　　北京中轴线，是一条有生命力的轴线。

清源青愿

"北京独有的壮美秩序就由这条中轴线的建立而产生。"

——梁思成　《北京——都市计划的无比杰作》

"北京老城可能是人类在地球上最伟大的单一作品。"

——埃德蒙·N. 培根　《城市计划》

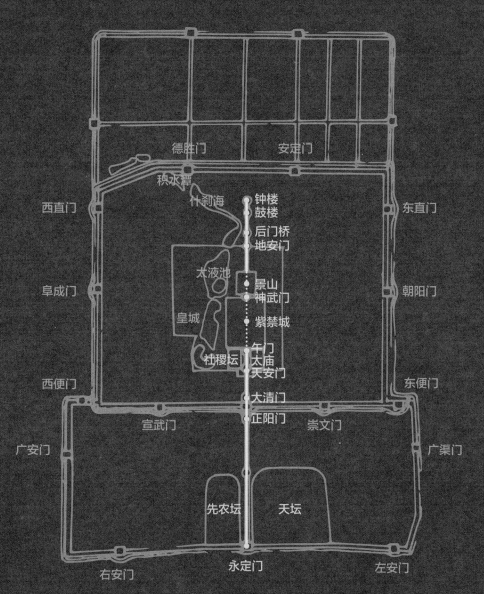

德胜门　安定门

积水潭

西直门

什刹海

钟楼
鼓楼

东直门

后门桥
地安门

太液池

景山
神武门

阜成门

皇城

紫禁城

朝阳门

社稷坛

午门
太庙
天安门

西便门

大清门

东便门

宣武门

正阳门

崇文门

广安门

广渠门

先农坛　天坛

右安门　永定门　左安门

完 善

清代中轴线构成示意图

● 清代局部改造（景山五亭、寿皇殿等）进一步强化中轴对称的形制格局

● 清代满汉分治及清末交通改造促进前门地区商业街市繁荣发展